U0396838

"少年轻科普"丛书

动物界的特种工

史军 / 主编

临渊、杨婴、陈婷 / 著

广西师范大学出版社
· 桂林 ·

图书在版编目(CIP)数据

动物界的特种工／史军主编.—桂林：广西师范大学
出版社，2018.7(2024.10 重印)
（少年轻科普）
ISBN 978 - 7 - 5598 - 0871 - 4

Ⅰ.①动… Ⅱ.①史… Ⅲ.①动物－少儿读物
Ⅳ.①Q95 - 49

中国版本图书馆 CIP 数据核字(2018)第 097388 号

动物界的特种工
DONGWUJIE DE TEZHONGGONG

出 品 人：刘广汉
责任编辑：刘美文
项目编辑：杨仪宁　郑　直
封面设计：DarkSlayer
内文设计：李婷婷
插　　画：渣喵壮士
广西师范大学出版社出版发行

```
┌                                                          ┐
│ 广西桂林市五里店路 9 号      邮政编码：541004             │
│ 网址：http://www.bbtpress.com                            │
└                                                          ┘
```

出版人：黄轩庄
全国新华书店经销
销售热线：021 - 65200318　021 - 31260822 - 898
山东临沂新华印刷物流集团有限责任公司印刷
(临沂高新技术产业开发区新华路 1 号　邮政编码:276017)
开本：720 mm × 1 000 mm　　1/16
印张：8.5　　　　　　　　字数：60 千
2018 年 7 月第 1 版　　　2024 年 10 月第 7 次印刷
定价：39.00 元

序
PREFACE

每位孩子都应该有一粒种子

在这个世界上，有很多看似很简单，却很难回答的问题，比如说，什么是科学？

什么是科学？在我还是一个小学生的时候，科学就是科学家。

那个时候，"长大要成为科学家"是让我自豪和骄傲的理想。每当说出这个理想的时候，大人的赞赏言语和小伙伴的崇拜目光就会一股脑地冲过来，这种感觉，让人心里有小小的得意。

那个时候，有一部科幻影片叫《时间隧道》。在影片中，科学家们可以把人送到很古老很古老的过去，穿越人类文明的长河，甚至回到恐龙时代。懵懂之中，我只知道那些不修边幅、蓬头散发、穿着白大褂的科学家的脑子里装满了智慧和疯狂的想法，它们可以改变世界，可以创造未来。

在懵懂学童的脑海中，科学家就代表了科学。

什么是科学？在我还是一个中学生的时候，科学就是动手实验。

那个时候，我读到了一本叫《神秘岛》的书。书中的工程师似乎有着无限的智慧，他们凭借自己的科学知识，不仅种出了粮食，织出了衣服，造出了炸药，开凿了运河，甚至还建成了电报通信系统。凭借科学知识，他们把自己的命运牢牢地掌握在手中。

于是，我家里的灯泡变成了烧杯，老陈醋和碱面在里面愉快地冒着泡；拆解开的石英钟永久性变成了线圈和零件，只是拿到的那两片手表玻璃，终究没有变成能点燃火焰的透镜。但我知道科学是有力量的。拥有科学知识的力量成为我向往的目标。

在朝气蓬勃的少年心目中，科学就是改变世界的实验。

什么是科学？在我是一个研究生的时候，科学就是炫酷的观点和理论。

那时的我，上过云贵高原，下过广西天坑，追寻骗子兰花的足迹，探索花朵上诱骗昆虫的精妙机关。那时的我，沉浸在达尔文、孟德尔、摩尔根留下的遗传和演化理论当中，惊叹于那些天才想法对人类认知产生的巨大影响，连吃饭的时候都在和同学讨论生物演化理论，总是憧憬着有一天能在《自然》和《科学》杂志上发表自己的科学观点。

在激情青年的视野中，科学就是推动世界变革的观点和理论。

直到有一天，我离开了实验室，真正开始了自己的科普之旅，我才发现科学不仅仅是科学家才能做的事情。科学不仅仅是实验，验证重力规则的时候，伽利略并没有真的站在比萨斜塔上面扔铁球和木球；科学也不仅仅是观点和理论，如果它们仅仅是沉睡在书本上的知识条目，对世界就毫无价值。

科学就在我们身边——从厨房到果园，从煮粥洗菜到刷牙洗脸，从眼前的花草大树到天上的日月星辰，从随处可见的蚂蚁蜜蜂到博物馆里的恐龙化石……

处处少不了它。

其实，科学就是我们认识世界的方法，科学就是我们打量宇宙的眼睛，科学就是我们测量幸福的尺子。

什么是科学？在这套"少年轻科普"丛书里，每一位小朋友和大朋友都会找到属于自己的答案——长着羽毛的恐龙、叶子呈现宝石般蓝色的特别植物、僵尸星星和流浪星星、能从空气中凝聚水的沙漠甲虫、爱吃妈妈便便的小黄金鼠……都是科学表演的主角。"少年轻科普"丛书就像一袋神奇的怪味豆，只要细细品味，你就能品咂出属于自己的味道。

在今天的我看来，科学其实是一粒种子。

它一直都在我们的心里，需要用好奇心和思考的雨露将它滋养，才能生根发芽。有一天，你会突然发现，它已经长大，成了可以依托的参天大树。树上绽放的理性之花和结出的智慧果实，就是科学给我们最大的褒奖。

编写这套丛书时，我和这套书的每一位作者，都仿佛沿着时间线回溯，看到了年少时好奇的自己，看到了早早播种在我们心里的那一粒科学的小种子。我想通过"少年轻科普"丛书告诉孩子们——科学究竟是什么，科学家究竟在做什么。当然，更希望能在你们心中，也埋下一粒科学的小种子。

"少年轻科普"丛书主编 史军

目录
CONTENTS

斑马：暴走狂

你想终生保持健美的身材吗？

你想怎么吃都不胖吗？

请加入"暴走族"！

对暴走的益处，斑马们深有体会——这种动物一辈子都没胖过！

它们的秘诀只有一个，那就是：暴走，从出生就开始！

出生就能走

斑马妈妈是个英雄母亲。

老实说，并不是所有动物妈妈都能像它那样全年都能生孩子，而且在长达近一年的孕期中生活如常，唯一所受到的额外照顾，就是一天多吃几分钟的草。

为了保证孩子有奶可喝，很多斑马妈妈会算准时间，在有草可吃的时候生孩子——而且大多是在大迁徙的时候！

大迁徙是项集体活动，任何斑马都不能单独行动，因为那意味着死亡。

斑马妈妈也明白这一点，所以它会隐藏在草丛中，尽快生下孩子。为了让孩子得到最好的照顾，斑马妈妈严格执行"优生优育"

政策，一次只生一个。

　　刚出生的小家伙有着棕白相间的皮毛，虽然体弱力小，但已经显示出了自己酷爱"暴走"的本能。它刚生下来就努力尝试着站起来，跌倒了，爬起来，再跌倒，再爬起来……反复尝试多次后，终于在出生20多分钟后成功站了起来！从此，小斑马便一直尾随在妈妈身后。长达6个月的跟随期间，它吃母乳，有妈妈全程陪伴，但妈妈是绝对不会背它的，它必须自己走路。当然，这也是小斑马喜欢的成长方式。

动物界的特种工

一天行走 20 个小时

你没有看错，这正是斑马的日常生活！只要还有一口气，哪怕受伤了、生病了，斑马都会坚持行走，或者奔跑。事实上，斑马一天之中大约有 20 个小时在行走，或慢或快，但很少停歇。

为了保持足够的体力，它们努力吃喝，对食物并不挑剔。草、灌木、树枝、树叶甚至树皮都在它们的食谱之上——斑马们早已进化出了能力出众的消化系统，只要是能吃下肚的东西，它们就能从中提取或多或少的营养！

斑马的时速虽然只有 60 千米，比不上角马，但是它耐力好。猛兽想吃它，能否追得上可是一个大问题。即使追上了，哈哈，斑马还有一招杀手锏——"后踢腿"等着呢。

小贴士
斑马每天睡几个小时？

．．．．．．．．．．．．．．．．．．．．．．．．．．．．．．．

　　这么一来，斑马的睡眠时间就少之又少了。据统计，斑马每天只睡 3 个小时左右，还是间断的睡眠。即使在睡觉时，它们也保持着站立姿势，和马一样，四脚站立，闭着眼，竖着耳朵，稍有风吹草动，马上起跑！

．．．．．．．．．．．．．．．．．．．．．．．．．．．．．．．

动物界的特种工

半年暴走 3000 多千米

你可能不知道，和很多动物不一样，斑马们没有固定的领地。它们往往组成小家庭，每个家庭由一只成年雄性斑马和若干只雌性成年斑马、幼年斑马组成，成群生活在没有树木的草原或稀树草原地区，分布范围横跨热带及温带地区。

它们的行为动机只有一个：追逐水草。这是斑马一生永远不会结束的追逐，这让它们的行程变得不固定，而且可能远远超过我们的想象。

比如，生活在非洲塞伦盖蒂大草原的斑马，暴走能力恐怕代表着斑马们的最大成就。每逢旱季，它们会率领着角马、汤氏瞪羚们，组成数百万计的超级大团队，行程 3000 多千米，到马赛马拉草原上去吃个痛快，大约 3 个月后，还会回来，年年如此。即使中间危机四伏，历经生老病死，斑马们也不会放弃。

怎么样？面对如此锲而不舍的暴走狂斑马，我们是不是该致敬呢？

动物界的特种工　　　　　PAGE _ 013

河马：大便利用专家

在我们这个星球上，几乎所有的动物都要大便——它们通过大便来排出体内的废物。不过，能像河马一样真正对大便进行"全方位"利用的却并不多。

实力象征

顾名思义，河马生活在水里，但它并不是水生动物。它们生活的地区——非洲撒哈拉以南，实在太热了，它们又无法长期忍受暴晒，只好尽可能长时间地泡在水里了。

同很多动物一样，河马，尤其是河马先生，喜欢用大便来宣示主权，展现实力。

它们总是在自己的水域领地里设立一个厕所，在那块位置反复拉大便。时间久了，有的粪堆甚至像小山包一样，高达河马的屁股处，散发出难闻的气味。河马先生借此宣布"私人重地，严禁擅闯"。如果有动物胆敢闯入，即便是大象，它们也会张开血盆大口，预备撕咬！千万不要小看这个爱吃素的家伙，凶猛如鳄鱼也常是它的"嘴下败将"。

小贴士 *公河马的"便便大赛"*

如果遇到其他河马，哈哈，它们更可能进行"便便大赛"：两只公河马并排站在一起，一二三！大便和尿同时喷了出来，小尾巴也像电风扇一样甩啊甩，噼噼啪啪、噼噼啪啪，谁甩得更远，谁就是老大！

造福一方

　　一头河马一天能拉出多少便便？没有人知道准确答案，因为它们除了去"厕所"，还会就地解决——在自己生活的水域里直接拉。你也许会说，这实在太恶心啦！不过，相信那些依赖河马大便生活的生物们并不这么认为。在它们看来，河马的大便虽然臭烘烘、脏兮兮，还是稀的，但贵在营养丰富，既能让当地的植物长得更加茂盛，又能让各种小型水生动物（尤其是鲤鱼）大饱口福，还能增加水中微生物的数量。水里微生物多了，就意味着口粮多了；水生动物们，比如鱼、昆虫，就可以启动生育计划了。而这会吸引更多其他生物，比如各种水鸟。一个真正的小生态圈就因为河马的大便而变得更加欣欣向荣！

小贴士

河马的食性：河马只吃素吗？

大家都知道河马是草食性动物，不过，偶尔也有河马食用动物尸体的纪录；更有甚者，1995 年 7 月，曾有人发现河马猎杀了高角羚并吃了它！但河马的胃不适合吃肉，吃肉可能是由异常行为和营养压力引起的。

定位标志

河马是陆地动物，不过，在陆地上，它们根本没有领地之分。因为它们到陆地上的主要工作是吃。各种草，包括人们种植的某些植物都在它们的菜单之上。

为了避热，河马常常选择在太阳落山后，跑到岸上彻夜寻找食物。一只成年的公河马体重达 4 吨。为了维持庞大的身躯正常工作，河马每晚差不多需要吃 40 千克的草和叶子。为了吃饱，它们一晚上可能需要走 5 千米那么远！河马的记性不好，视力又差，如果找不回来怎么办？

SPECIALISTS IN ANIMAL KINGDOM

它们当然有办法。

河马会一边走一边拉便便，这么一来，即使忘记了回家的路，不管天有多黑，那些便便的气味也会引导它们回到自己居住的河里。也许你分辨不出来，但河马们知道，哪种大便的气味才是自己的。

动物界的特种工

03

几维鸟：
总在黑夜出行的超级奶爸

动物界可从来不缺不负责任的老爸。

比如台湾黑熊，我敢打赌，它从来没照顾过自己的孩子，所以即使面对面，也未必互相认识。

对此，出生于新西兰的杰出奶爸代表——几维鸟先生表示十分看不惯! 作为新西兰的国鸟，几维鸟绝对称得上是好男人的典范，它们不但是当仁不让的好爸爸、好丈夫，而且擅长夜行。

孵卵，那是当爸的责任

在鸟类家族，似乎有个不成文的规定，即"除了产卵，当妈妈的还要亲自负责孵卵工作"。最常见的代表就是母鸡太太。

几维鸟先生却完全不在乎这个"不成文的规定"，只要太太生下了卵，就可以休养身体，转行做"守卫哨兵"啦，而接下来的工作就由几维鸟先生完成了。它几乎不分白天黑夜地趴在蛋宝宝身上，务必使卵处于37~38℃的恒定温度下，时间长达两个半月左右。值得庆幸的是，几维鸟太太的生育并不频繁，几乎一年才下一次蛋，一次顶多生两个。

几维鸟先生这么体贴太太，可能也和太太孕期的辛苦不无关系。几维鸟太太要用一个月才能孕育出这个巨大的蛋——这个蛋是它体重的 $1/4$~$1/3$，比一般的鸡蛋足足重5倍，而几维鸟太太的体型才和一只正常的母鸡差不多大！

照顾孩子，爸爸在行

终于，最值得期待的一天到来了，孩子出生了！

小几维鸟长有卵齿。这颗牙虽然一出生就会脱落，但在它破壳而出的时候却非常有用。小家伙要用卵齿敲击蛋壳，"呼唤"爸爸妈妈。这个过程相当艰难，但即使是最爱它的爸爸也不会帮忙，它必须依靠自己的力量破壳而出——这是它必须经历的考验。在自然界，弱者是不能生存的。

不过，只要小家伙成功闯过这一关，就可以享受老爸最亲切的照顾了。几维鸟先生会教它各种生存技能，比如什么东西可以吃（像蚯蚓、昆虫、蜘蛛和其他无脊椎动物，鳗鱼、淡水螯虾、两栖类动物，

还有浆果、植物的叶子等都是可以尝试的），
什么东西不能吃；如何利用自己的嘴以及
如何避开天敌（猫是最可怕的天敌之一）。
整个学习期长达 4 年！这可是鸟类家族中
极少见的情况。当然啦，几维鸟是比较长
寿的，寿命长达 40 年。特别提醒的是，几
维鸟的学习几乎都在黑夜中进行，因为它
们视力很差，终其一生都在黑夜中活动。

丑萌丑萌的奶爸

作为一名奶爸，几维鸟先生付出了"超乎常鸟"的耐心和爱心。你知道这位可爱的"奶爸"是什么样子的吗？它远没有很多鸟先生，尤其是孔雀先生那么漂亮，事实上，它有点丑，还有点萌。

瞧瞧，远远看去，几维鸟先生像一个毛茸茸的大皮球；走近一看，它头小肚子大，脖子不长，脸上还长着硬硬的嘴须，淡黄色的嘴又尖又细又长，几乎是它身长的一半，就像一个细细的圆筒一样，并且向下弯曲着。更有趣的是，它没有翅膀！哦，不，它有翅膀，只是特别小，藏在毛茸茸的羽毛下面，不注意还真发现不了！所以呢，几维鸟先生不会飞，但它的腿十分强健，肌肉发达，善于奔跑，时速可达 16 千米。它太太也不会飞哦，它们才是真正的"奔跑夫妻"啊。

04

猎豹：杀手界的短跑冠军

它是一位真正的短跑高手，能在短短 2 秒钟内由静止加速至时速 70 千米！

　　它是货真价实的肉食者，而且特别挑剔，总喜欢吃最新鲜的肉，所以它的菜谱上，大多是同样善于奔跑的瞪羚、高角羚、鸵鸟、野兔以及会飞的鸟，或者蜥蜴等，而且还是活着的。

　　它曾经出现在中国、埃及和印度的古代文献里，但如今在亚洲的野外几乎已经绝迹。

　　它就是猎豹。

　　你想更深入地了解它吗? 现在，机会来了!

来自单亲家庭

　　毫无疑问，猎豹是非洲大草原上最有名气的杀手之一。可你知道吗？所有的猎豹，都是在单亲家庭长大的。它们自幼跟随妈妈，至于爸爸，谁知道它长什么模样！

　　猎豹妈妈一怀孕，猎豹爸爸就头也不回地继续浪子生涯，任由猎豹妈妈和肚中的骨肉自生自灭。庆幸的是，猎豹妈妈足够强大。在度过3个月的孕期之后，它会生下3到6个孩子。小家伙们大多只有30厘米长，娇小柔弱，连眼睛都睁不开，但猎豹妈妈一点也不嫌弃，它努力喂养、照顾孩子们。为了

减少被像讨厌的狮子、鬣狗这样的猎食者发现的几率，它隔三岔五就搬一次家。

这段时间也不会很长，小家伙们很快就出落得有点像蜜獾了（背上有一层白色的长毛）。蜜獾是一种凶悍的小型猎食动物，很多猎食者不愿意招惹它们。为了确保以后的生活，小家伙们也会积极地跟妈妈学习如何求生和狩猎，因为也许突然有一天，妈妈也会像它们的老爸一样不辞而别，接下来的人生将由它们自己决定……

速度源于大自然的精心设计

　　如果没有夭折，那么小猎豹将继续像父母一样生活。所有见过它的人，都不得不承认：猎豹就像是为速度而生的。

　　它体态轻盈，身体呈流线型，能最大程度地降低风的阻力；脊柱柔软，可以让前腿在奔跃中伸展得更开；脚爪不能收缩、脚掌特别粗糙，都可以增加抓地能力；尾巴的长度更有助于它在奔跑时保持平衡……而且在它体内，肺部和心脏都是加大型的，完全可以应付发力奔跑时突然增加的心肺负荷。

　　总而言之，以上种种先天设计使得猎豹成为陆地上跑得最快的动物。据测定，猎豹最高时速可达 110 千米，绝对是飞一般的速度，而且在跑动时它有一半以上的时间可以四肢离地！是，因为疾跑时身体来不及散热，所以在疾跑 300 米左右后，猎豹就得关掉"引擎"停下来，以防过热死，而这也完全限制了它的猎食策略。

动物界的特种工

量身打造的猎食策略

对于食物，猎豹的选择总是很简单：肉，新鲜的肉。可惜，它的身形设计虽然造就了它能高速奔跑，但却牺牲了强而有力的体能。因此，即使距离斑马、水牛、水羚等体型大的动物咫尺之遥，它也不能像狮子那样发起攻击。

一番审时度势之后，猎豹把主要目标放在了体型相对娇小的动物身上，比如瞪羚、黑斑羚等。虽然这些猎物能跑，但猎豹更能跑！它常常登高远眺，一旦发现猎物，便蹑手蹑脚地走近，再突然加速，争取在300米以内追上猎物，用前脚把正在疾跑逃命的猎物绊倒，然后一口咬住对方的脖子！

接下来，猎豹就可以一饱口福了吗？当然不！狮子、鬣狗、花豹和秃鹰等都是地道的强盗，它们是非常乐意到猎豹嘴下抢食的。对此，猎豹完全无可奈何。这个世界总是一物降一物，是不是挺有意思的？

动物界的特种工

05

裂唇鱼：医生真是一份好工作

  在生物界，活着是最危险的事情——食物链环环相扣，总会一不小心就成为别人的食物。不过，如果肯做医生，那就不一样啦。这份工作高尚而有趣，还能获得高额报酬，实在是有百利而无一害。生活在太平洋等海域珊瑚礁里的裂唇鱼，对这份工作简直是百分之百地满意！

动物界的特种工

病人真不少

　　有人以为海水那么咸，寄生虫根本无法生存，这绝对是个误会。没错，某些寄生虫卵确实会被高浓度的盐水杀死，可是寄生虫是个超级大家族，它们生活的环境和宿主各不相同。有那么一些坏家伙没法住在海洋里，却可以住到鱼儿们的体内或体表上，吃喝拉撒睡，有事没事开 party 办聚会，折腾得鱼儿们痛不欲生，难受至极。除了寄生虫，有些鱼，尤其是吃肉的家伙，牙缝里经常会有食物残渣堵塞着。这些鱼都会成为裂唇鱼的病人。

　　裂唇鱼治病的办法主要是——吃。它们可以用尖嘴一口一口地吃掉那些可怕的、讨厌的寄生虫，也能一头钻进病人的嘴里，逐一清除堵塞物，还牙齿清爽干净。另外，如果鱼儿有伤口脓肿或组织坏死，它们也可以一一啃掉。

小贴士
海洋里的鱼儿要面对什么危险？

　　大家都觉得鱼儿们在海洋里自由地游来游去，日子简直太逍遥了！但这只是事情的表面。鱼儿们不仅有被吃掉的危险，还可能生病。被寄生虫感染就是海水鱼们最常患的一种病。

医疗站要开在有利位置

医生这份工作，待遇相当优厚。海洋中凶猛的、吃肉的动物虽多，却从没有对医生下嘴的先例；有时遇到危险，病号还会带着医生逃跑。然而，海洋中总是不平静的，风浪、生意状况都会冲击着医生们的生活。这时候，选择一个合适的地方开医疗站便十分重要了。

像珊瑚礁岩区或沉船残骸的附近都是上上之选。那儿缝隙众多，有大有小，是鱼儿们的天然社区——鱼儿多，就意味着病号多；病号多，就意味着生意好！再者，医疗站固定了，病号自然会主动上门。

为了提高工作效率，医疗站里总会有几位鱼医生。它们一般由一位鱼先生、一位成熟的鱼太太和几位未成年女生组成。这和裂唇鱼的习性有关。所有的裂唇鱼一孵出来都是女生，它们四处漂泊，有幸凑

到一起，最大的那位就变成了男生，其他的依然保持女生身份！如果那位男生消失，那么它所领导的雌鱼们会在半小时内选出新的领袖，新领袖随后变为雄鱼，继续带领大家经营医疗站。

　　遗憾的是，这行当竞争也大。有时，某个医疗站的带头大哥会攻击其他雄鱼，进而巧取豪夺别人的领地和员工。因此，如何守护自己的医疗站也是鱼医生的重要事情之一。

动物界的特种工

鱼医生的潜规则

对于裂唇鱼来说，做医生也是一门"生意"，某些"潜规则"也是必不可少的——尤其是在这个弱肉强食的海洋社会里。

首先，要想成为一名成功的鱼医生，不仅要有本领，能霸住地盘，还得学会有效区分客源。一般来说，病号可以分为两大类，一类是只在当地活动的"地头鱼"，另一类是四处巡游的"巡游鱼"。"地头鱼"地盘小，没有选择的余地，只能到当地的裂唇鱼医疗站去；而"巡游鱼"则可以货比三家，最后决定进哪个医疗站。所以，医生最好对后者的服务更好一些（比如先为它们服务），这样才能吸引更多的"回头客"。

其次，老实说，对于裂唇鱼来说，健康的黏膜才是最美味的，所以只要有机会，几乎没有哪位鱼医生不想偷偷啃一口。病号们对此十分不满，一旦被咬，马上离去，连围观者也会主动避开。因此，如果裂唇鱼医生想偷吃一口，最好挑周围没有鱼围观的时候；或者干脆欺负那些"地头鱼"，因为它们根本没得选择，所以就算吃了亏，还得前来接受治疗。

动物界的特种工

06

麻雀：世界上最会适应生活的鸟

　　麻雀家族曾经历经沧桑——人类不止一次地掀起灭杀麻雀的运动高潮，比如在二十世纪五六十年代，中国曾掀起了打麻雀运动，致使当时许许多多麻雀死于非命。

　　对于麻雀而言，如果没有这种意外之灾，它们可以说生活得相当不错。虽然它们体型娇小，几乎没什么攻击力，但在适应生活上却自有妙计。

反其道而行之，人来雀不惊

一直以来，在鸟族有个不成文的规定："两条腿的人类是最可怕的，见到了一定要赶快逃走！"麻雀们却不以为然。

事实上，麻雀家族的祖训就是"接近人类"，只在有人类活动的地方出现、生活，而且人来了也若无其事。除非确定来者不怀好意，才会展翅离去。

之所以养成这样的生活习性，有以下几个原因：第一，麻雀总是伴着人类生活，习惯了人们走来走去，而人类也见多了麻雀，自然也不觉得奇怪，不会动不动就拍照、围观；第二，在有人类的地方，麻雀们可以更好地"打秋风"。比如饿了，可以找点农作物的种子或残羹冷炙吃（这就有了稳定的食物来源）；筑巢就更省事啦，不仅可以借用墙洞、瓦檐或者建筑物上的其他凹陷处，还能找点棉絮、干草之类的，铺到窝里当垫子。

至于人类会不会发动袭击？也许会，但麻雀们也有办法应对——它们会飞嘛。

小贴士
麻雀的飞行技术怎么样？

作为鸟类的一员，飞行也是麻雀的基本功之一。好吧，麻雀会飞，为了飞也做出了很多努力。比如，它的身体是前粗后窄的流线体；几乎所有的骨骼都是空心的（保证身体足够轻）；全身覆盖着羽毛；还有强有力的心脏，一般情况下，每分钟跳动约460次……不过，即使这样，麻雀的飞行技术也不怎么样——飞行时，秒速一般不超过10米，高度一般在10～20米，而且每次飞行最多持续4分钟。

飞行能力不用强，应付生活绰绰有余

　　与麻雀家族形成鲜明对比的，是它的远亲信天翁先生。信天翁先生自从学会飞，就很少停下来过。它们随便兜一个圈子就是2000米！短短一个小时，就能飞越100多千米的海面。

　　不过，麻雀并不羡慕信天翁，因为对它们而言，拥有的飞行能力已经够用啦。它们的主要敌人是人类、野猫等，而这些都不会飞！可以说，它们只要在天敌接近时成功飞走，就万事大吉了。这点麻雀完全可以做到！别忘了，它们还配备了堪比高倍双筒望远镜的眼睛、灵活自如的脖子以及随时处于"弓步状"的步态——这种姿势有利于它们随时发力、展翅腾飞。

不同的时候吃不同的食物

麻雀们还有一个压箱底的法宝，那就是：看时间选菜单，什么都吃。

春夏季，昆虫纷纷苏醒，个个膘肥体壮，既营养又美味，麻雀们就优先吃各种昆虫；等到了秋天，各种植物都结果了，麻雀们就毫不迟疑地改吃各种植物的种子和果实——尤其是农作物；到了冬天，嘿嘿，人类丢弃的食物残渣也可以马马虎虎拿来填肚子。

要补充说明的是，麻雀们对下一代的食谱相当在意，它们总会给小宝宝们带来最美味的夜蛾、蝗虫、菜青虫等。这些食物营养丰富，肥嫩多汁，适合正在长身体的麻雀宝宝。等到麻雀宝宝学会飞行，可以独自觅食了，它们就可以自己挑选食物啦。

07

蚂蚁：一生爱搬运

在有些人看来，大约没有比把东西搬来搬去更无聊的了。不过蚂蚁，尤其是工蚁们，却并不这么认为。一只足够幸运的工蚁据说可以活到 5 岁，蚁后更是能活 20 年之久。在这堪称长寿的一生中，它们以搬运为业，从搬运"妹妹们"到各种食物，再到搬运同伴的遗体，它们都做得津津有味……

动物界的特种工

搬运，从儿时开始

　　同绝大多数昆虫一样，蚂蚁的一生也是从卵开始的。蚁后陛下在经历艰苦的"创业"之后，可以说成功成为了一个产卵机器，每天都会在蚁巢上层的产卵室里产下十来个灰白色（或黄色）的卵。在接下来的几周里，这些卵孵化成无能的幼虫，它们看不见、听不到，也不能动，只能接受照顾。然后，幼虫变成蛹，蛹最后大多发育成工蚁，也就是一只只没有生育能力的蚂蚁小姐。这个时候，它们的搬运工作就开始了。

　　因为尚且年幼，生活经验不足，所以工蚁的第一份工作主要是照顾蚁后陛下新生下的卵、幼虫以及蛹。比如，把卵搬到蚁巢各个孵化室，让它们享受到最合适的温度和湿度，这有利于它们孵化；再比如，带它们逃生——夏季，如果你在野外有翻动石头的习惯的话，就有可能翻到蚁巢，看到工蚁们疯狂地衔起一粒粒"小米粒"逃跑，而这些"小米粒"正是它们的照顾对象——蛹啦。

长途搬运，那都不是事儿

等这些年幼的小工蚁长大了，人生经验丰富了，它们十有八九要换个危险系数高的工作，比如到外面的世界去闯一闯，再带点食物回来。别忘了，蚂蚁也是以食为天的。虽然在我们地球上生活着一万多种蚂蚁，它们大小不一，食性不同，有的吃素，有的吃肉，但大多数都不会自己生产，需要外出觅食。科学家们发现，蚂蚁常常到距离自己家300米左右的地方去寻找食物。

对我们人类来说，300米当然很短，可是对于身长仅仅3毫米的蚂蚁来说，这是段相当漫长的路程，就好比你步行60千米去购物，随后还不得不背着和自己差不多重的食物回家。而工蚁之所以如此"善于行走"，它那3对发达的长脚起了很重要的作用。

搬运什么，那得看找到了什么

很多蚂蚁属于杂食动物，它们不太挑食。无论是杂草种子、蘑菇或是人类制造的饭渣米粒，甚至是动物尸体（即使这动物是一条蛇，它们也敢于挑战），都在它们的食谱之上。

为了找到更多的食物，工蚁们经常分开活动。一旦遇到食物，如果可以的话，就自己搬回巢中；如果食物太大了，也不会放弃，相反，它会马不停蹄地回家搬"救兵"，招呼来一大群工蚁，然后大家伙儿根据实际情况分工，或把食物一点点咬开，或一起合力把食物整个搬回去。

有时候，它们也会遇到同类的尸体——一只勤劳的工蚁死在了工作路上，散发出一种特殊的气味。它们也会把它搬回去，放在蚁巢的垃圾堆里。

蜜蜂：酿蜜工人，兼职红娘

嗨，大家好，我是蜜蜂家族的工蜂小姐。

我这辈子都不会结婚、当妈妈。我的身份早在出生时就决定了。决定蜜蜂身份的，是一种叫蜂王浆的高级饮品。只有我们的母亲——蜂王大人才能终生享用。而我出生在工蜂的蜂房中，姐姐们只让我吃过 3 天的蜂王浆，营养不良使我的身体没有发育完全，输卵管退化成了刺。

不过，这又有什么关系呢？我享受我的生活，忙忙碌碌，能够呼吸新鲜空气，还可以兼职做花朵的媒人。

我成为工蜂已经 30 天了，而我的寿命顶多只有 3 个月。

一生做工忙

　　我们的一生都是忙碌的——从成为蜜蜂的第一天开始，就不停地工作。不知道从什么时候起，根据年龄大小，我们的劳动内容就有了严格而明确的分工。

　　我们工蜂的前半生，主要负责清洁巢房、照顾蜂王大人、喂养弟弟妹妹（没错，只要条件合适，比如天气好、天敌少、食物充足……蜂王妈妈就会抓紧生孩子。有时它一天能生 1000 多个卵，所以你不用担心我们会"后继无蜂"）、搬运死去的同伴、筑巢、担任守卫等。如果我们顺利活到了下半生，在成为蜜蜂约 20 天之后，就可以到外面采集花蜜和花粉，供给大家吃啦！

哈哈，能作为寻找食物的一员飞出蜂巢，这真是自由自在的快乐。虽然我们很可能"过劳死"，或者遭遇种种意外，但是能在天空中自由飞翔，能欣赏各种花朵，真的很美好哦！接下来，我很乐意介绍一下我们的采蜜工作。

找花是门学问

估计在整个动物界，再没有比我们更爱花粉和花蜜的了，所有的工蜂和雄峰都以它们为食。因此，找到合适的花，并把它产出的花粉和花蜜带回家，就成了我们后半生最重要的工作。

我们最喜欢春天和夏天，因为它们是植物开花的季节。通常，太阳刚刚升起，我们便开始了一天的野外工作。我们有一对大大的复眼，除了长得和人眼不一样外，看到的世界也不一样。比如，我们只能分辨黄色、青色、蓝色及紫外线，可以说我们是红色盲，所以我们总是偏爱黄色或蓝色的花朵。最好花儿还附带"平台"，以便我们站、爬和攀附。像油菜花、蒲公英花等，就把这一点做得很好。

兼职做媒人

传粉做媒人是我们寻找食物时附带做的事——我们时刻不会忘记自己的主要工作。一旦发现目标，我们会先用匙状的舌尖探寻；如果有蜜，就伸出长长的吻将蜜吸入蜜囊中。

至于传播花粉，就十分简单了。由于我们全身都是毛，只要在花上面动一动，身上就会沾满花粉，就像拂尘掸一掸会沾上灰尘一样。通常每隔一阵子，我们便用舌头去润湿身上的花粉，并用脚把它推到后脚的"花粉篮"里。当然了，我们无论如何都不可能把所有的花粉弄进去。因此，只要我们飞到另外一朵花上，花粉就可能落下来。如果恰好落在雌蕊的柱头上，这棵植物就受精了——我们也就完成了兼职红娘的工作。

虽然是兼职，我们也做得有声有色。

小贴士

蜜蜂对人类有多重要？

你知道吗？被人类所利用的1330种作物中，有1000多种需要我们帮忙授粉。据说，曾有人这样高度评价我们："如果蜜蜂从地球上消失，人类将只能再存活4年。没有蜜蜂，没有授粉，没有植物，没有动物，也就没有人类。"嘿嘿，谢谢他的评价，我们将继续努力哦！

动物界的特种工

南极贼鸥：
落草为寇，只因南极苦寒、天逼鸟反

地球上最冷的地方肯定是南极。那儿的狂风、冰雪终年不断，很多地方几十亿年过去了也长不出一棵草。总而言之，要想在南极活下来，一定要使出浑身解数才行。

南极贼鸥就是这么做的。为了活下来，它们已经落草为寇。

只要能吃饱，管它是什么

世界上还有比吃饭更重要的事情吗？当然没有！不幸的是，在南极最缺的就是食物。

这可怎么办呢？南极贼鸥倒是清楚地知道，要想活下来，就不能太挑剔。

它们确实也是这么做的。除鱼、虾等海洋生物外，企鹅蛋、企鹅宝宝、鸟蛋、幼鸟、海豹的尸体等都是南极贼鸥的美餐。实在无食可吃时，它们还会吃企鹅的粪便。企鹅总是以富有营养的磷虾和鱼类为食，因此它们的粪便也有营养残存，聊胜于无，总比没的吃好。

还有些南极贼鸥十分识时务，它们把家安在各国的南极考察站附近，把考察队员丢弃的剩余饭菜和垃圾（不管是中餐还是西餐）统统当成美味佳肴。如果有机会，它们还会迫不及待地钻进人们的食品库，像老鼠一样，吃饱喝足，临走时再"捞"上一把——毕竟，还有一家子贼鸥等着呢。

手段远没有结果重要

　　南极贼鸥从不轻易放过任何获得食物的机会。至于手段光不光彩，它们并不在意。

　　偷盗、抢夺、谋杀是南极贼鸥们最常用的谋生手段，这在它们刚刚从卵里孵化出来就可见端倪。南极贼鸥妈妈总是先后生下两枚卵，而先孵出来的那个，显然占有绝对优势。它不仅不会让着弟弟妹妹，还会先抢走父母带回的食物。有的时候，它们甚至会对弟弟妹妹痛下杀手！

　　一旦长成，它们更是贼性大发。偷其他雏鸟、鸟蛋乃是家常便饭。尤其在企鹅父母孵卵、海豹生育时，南极贼鸥更不会错过机会。它们成群结队地在天空中盘旋，往往在小海豹刚露头、海豹妈妈还没来得及保护孩子的刹那，它们便俯冲下去，先下嘴为快。而在企鹅的繁殖区，南极贼鸥们总是耐心地等待可乘之机，只要企鹅爸妈一不注意，孩子就可能被捉走！有时，贼鸥们还会分工合作：一只在前头引开企鹅爸妈，另一只则趁机偷走企鹅蛋，然后两只贼鸥一起分赃。

动物界的特种工

为领土不惜战争连连

几乎所有的动物都明白，拥有一块属于自己的地盘十分重要，这是获得充足食物的保证。南极贼鸥固然生性凶猛，飞行能力极强，可是在南极，这只是它们活下来的必要条件之一。除此之外，它们还必须确保自己的领地不受侵犯，尤其是在生儿育女阶段。

南极贼鸥奉行一夫一妻制，在恋爱结婚之后，总是有一只在家中。它们的家，大多是乱石堆间的一块有砂土层的地方，光秃秃的，寒冷无比。像生活在温带、热带那些鸟儿们建造的、铺满干草的柔软鸟窝，它们估计做梦都想不到。但即便是这样的乱石堆，也是它们誓死保卫的家园。留在家里的那只南极贼鸥守护卵或雏鸟，另一只则站在附近的高处，充当警卫。如果发现有"敌人"入侵，还没等对方靠近，它们就会鸣叫报警，并主动发起攻击，同时根据来者身份灵活选用攻击方式。如果遇到的是地面目标，比如人，贼鸥大多会像战斗机一样轮番俯冲，用强有力的翅膀或爪子攻击对方；对付空中目标，则以极快的速度冲向对方。

除了孩子，南极贼鸥们最紧张的还有摄食区，也就是寻找食物的场所。没错，南极贼鸥也会划分自己的摄食区。当有其他贼鸥进入这个区域时，守卫者常常升空盘旋，并"嘎嘎"大叫进行警告；如果对方置之不理，将不可避免地爆发一场激烈的战争！

瞧，虽然被老天爷活生生地逼成了飞贼，南极贼鸥们骨子里的亲情和大爱，却仍让它们成为合格的父母和坚强的战士。这也算是瑕不掩瑜吧！

10

企鹅：另类的流体动力学家

　　大概没什么人会不喜欢企鹅吧：胖乎乎的体形，穿着黑白相间的"燕尾服"，直立行走，走起路来还一摇一摆的，既滑稽又可爱。它们就靠着"天生丽质"赢得了许多人的喜爱。

　　人们对这种可爱动物的研究，堪称"全方位"，连某些特别私密的、带有强烈味道的事情也不放过——比如说，大便……

全民一起来研究

关于企鹅拉屎，科学家们做的研究还真不少。有一群牛津大学的科学家们为了研究人类的行为和气候变化对南极的巴布亚企鹅的影响，在巴布亚企鹅的繁殖区内安装了好多相机，每天给企鹅们拍海量的照片，然后上传到一个叫"看企鹅"的网站上，号召广大网民一起参与研究，发现特别的、可疑的、值得研究的照片就圈出来。

你别说，群策群力之下，还真让网友找到一件有意思的事儿。

有位网友发现，企鹅们似乎都喜欢在一个特定的地方拉屎，这里是企鹅的厕所吗？后来科学家们对比前后许多照片发现，企鹅便便有个很重要的作用，那就是——融化冰雪。

臭便便的大作用

企鹅喜欢在裸露的岩石上筑巢生宝宝，但地面都被冰雪覆盖住了怎么办呢？没事，拉屎，使劲拉！许多只企鹅聚在一起拉屎，褐色的便便吸收热量，融化了冰雪，筑巢的地方不就有了么？多高明的废物利用啊。

不仅如此，企鹅们筑完巢生完蛋之后，会有比较长一段的时间待在巢里孵蛋，足不出户。想拉屎怎么办呢？那还不简单，撅起屁股拉就是了。但企鹅不是随意拉的，它们也知道不能拉在巢里面，所以就撅起屁股，朝窝外边拉。久而久之，就形成了一个以巢为中心，向周围辐射开来的太阳状的巨！屎！阵！

小贴士
泄殖孔

鸟类的排泄物和生殖细胞都是从这一个孔里排出去的哦。

巨屎阵与"搞笑诺贝尔奖"

从这个巨屎阵可以看出，企鹅拉的屎又长又直，显然是用了很大力气喷出去的。还别说，真就有一帮科学家研究了两种超级可爱的企鹅——阿德利企鹅和帽带企鹅，并通过便便被喷射出去的距离，便便的密度和黏稠度，泄殖孔的形状、直径和距离地面的高度，来测算企鹅直肠内部的排便压力。结果算出来，企鹅直肠内的压力是人类的 4 倍，能把便便喷出去 40 厘米！这篇文章凭借这冷门又可爱的研究成果，获得了 2005 年的"搞笑诺贝尔奖"，而且还不是生物学奖，而是流体力学奖！

动物界的特种工

　　那么，这么大的压力，这么远的距离，便便会不会喷到其他企鹅身上？毕竟企鹅都喜欢挤在一起……确实，拉屎喷到别的企鹅身上，这种事时不时就会发生，好在企鹅好像并不在意。

看完这些关于企鹅拉屎的故事，你有
没有改变对企鹅的印象？我好像更喜欢企鹅
了，连拉屎都这么有个性！

动物界的特种工

11

肉垂秃鹫：请叫它清道夫，谢谢

最威猛的外表，最重口的饮食！有人赞它高贵，有人说它丑陋，它全不在意！

因为，它是一个真正的"清道夫"。

肉垂秃鹫，属于一个令无数鸟类敬仰的家族：隼形目。隼形目一直被视为善于杀生的家族，但肉垂秃鹫是个例外。

尸体，是它的主要食物

在很多时候，肉垂秃鹫的食谱上只有一种——尸体，而且主要是大型哺乳动物（像牛、角马等）的。那些小东西（蛙、蜥蜴、鸟类、小型兽类和大型昆虫）还不够它塞牙缝的呢，因此它只有在不得已（比如，极度饥饿）的情况下才会考虑吃这些小家伙的尸体。

众所周知，在非洲荒漠草原上，"生"和"死"每时每刻都在发生。有的动物自然老死，有的病死，也有的被杀死……而无论哪种死亡方式都会留下尸体，或者残骸。

为了消灭尸体或残骸，肉垂秃鹫总是一大早就离开建在高处的家（这家伙相当高傲，它不喜欢附近有邻居，常常一家人独自住在悬崖或高高的金合欢树上），用自己特有的感觉，捕捉肉眼看不见的上升暖气流，在高空中滑翔……同时"发动"的还有视力和嗅觉，一旦看到一动不动的"食物"，或者看到其他食腐动物在进餐，抑或是闻到腐肉的气味，它就会毫不犹豫地冲下来！

肉垂秃鹫的嘴巴强而有力，又带钩，所以它完全可以轻而易举地啄破、撕开大型哺乳动物坚韧的皮肤，拖出内脏，埋头大吃。放心吧，它脑袋和脖子都是光秃秃的，所以从不担心自己的卫生和发型问题。

警告对手，用脑门

肉垂秃鹫必须尽快吃，因为它拥有无数同类对手。肉垂秃鹫在高空滑翔的时候，是不会忘记观察同类的。如果发现有其他秃鹫找到食物，它就会迅速赶过去，看看能不能分一杯羹。当然，这也是一个运气问题。

肉垂秃鹫可是最爱争强好胜的——如果是抢另外一只肉垂秃鹫的盘中餐，要想占据最有利的进餐位置，两者就得较量一下啦。

肉垂秃鹫对食物十分看重，一旦得手，就会实时发布信息：平时暗褐色的脑门渐渐变成了鲜艳的红色。据说，这种变化是因为充血量的不同。其实，它是用这种鲜艳的红色警告其他秃鹫：赶快走开，这是我的！

可惜，在肉垂秃鹫中，同样遵循自然界"强者为大"的道理。

个头更大、身体更强壮的家伙，往往一出马就赶走了先到的肉垂秃鹫。失败者只好无可奈何地离开了原来的有利位置，脑门也渐渐变成了白色（白色真是失败者的颜色啊），直到它彻底平静下来，脑门才会逐渐恢复成原来的颜色。抢到嘴的那位呢，太兴奋了，以至于脑门变成了紫红色！面对这个可怕的脑门，无数后来的对手会重新评估自己的实力，再做出决定：是过去抢呢，还是默默围观，捡点残渣呢？

尸体"有毒"，秃鹫有办法

曾经有人抨击肉垂秃鹫，说它们是病毒携带者，理由仅仅是因为它们吃尸体！

这个说法是完全不负责任的。虽然动物尸体往往携带各种病毒、细菌以及寄生虫卵，但肉垂秃鹫也有应对之策：

首先，肉垂秃鹫拥有一个奇妙的呼吸和消化系统，能有效地杀死吃进去的细菌。

其次，每次吃完之后，肉垂秃鹫从不忘记做清洁工作。它们常常吐出一种黏液状的物质，涂到双脚上。这些物质其实是一种效果很好的消毒剂，能杀死附着在它们脚上的细菌。

而且，肉垂秃鹫是"日光浴"爱好者。在把脑袋伸到动物尸体内部进行深入挖掘之后，它从不会忘记在阳光下暴晒一把——因为脑袋和脖子上没有羽毛的遮挡，附着在上面的细菌和寄生虫卵，很容易被灼热的阳光晒死。

　　总而言之，在非洲荒漠草原上，肉垂秃鹫是当仁不让的"清道夫"。它们不仅不会传播疾病，反而还能减少疾病传播——那些动物尸体如果不及时处理，任由其腐烂，将会严重污染环境，更可能引起真正可怕的传染病，那可是草原上的大灾难。

'12

沙漠拟步甲：向空气要水的魔术师

据说在真实的历史里，唐僧取经是偷渡出去的。西行的前半程，他都是单枪匹马，没有一个随从。他曾在一片沙漠的中心弄翻了装水的皮囊，五天四夜滴水未进。如果不是随行的老马带他找到了一片绿洲，玄奘法师也许就命丧黄泉了。

人类大概没办法赤手空拳地变出水来。不过，有种奇妙的小甲虫，却能从空气中要来救命的水。

不怕干旱，因为有特殊本领

　　水看似平常，却和阳光、空气一样是生命必需的物质。普通人如果不喝水不进食，一般撑不过 5 天就会死去。所以在干旱缺水的沙漠里，往往见不到人烟。可是，看似荒凉的沙漠，却也是无数生命的乐园。瑞典和美国的科学家们近年来一直在研究一种叫"沙漠拟步甲"的甲虫——它们行动缓慢、其貌不扬，但却不怕渴不怕热，在非洲东南部一些年降水量只有 5 毫米的沙漠里，照样活得逍遥自在。

除了耐旱的体质，这些甲虫还有一项特殊的技能：向空气要水！

在雾气弥漫的时候或湿度较大的夜里，甲虫会前足点地，低下脑袋，撅起小屁股——这是沙漠拟步甲的"求水姿势"。不过大家别误会，它不是在向哪位大仙叩头求雨，也不是学习打坐，潜心修炼什么神功。沙漠拟步甲的背上长了很多小瘤，这样的结构可以促使空气中的水汽在瘤突的顶点凝结。于是，甲虫就把水分源源不断地从空气中"拽"到了自己的背上。水滴越积越大，最终顺着它倾斜的背部滑到头部，流入口中。你瞧，如果唐僧有甲虫的这种本事，就绝对不会差点渴死。

学习小甲虫和植物的绝技

研究仿生学的科学家们对这种甲虫可是相当佩服。

所谓仿生学，就是研究生物的身体结构和功能，科学地模仿生物的特殊本领，研制各种新机械和新技术的科学。科学家们模仿沙漠拟步甲的背部，制作出了表面布满微小瘤突的材料，用来收集空气中的水分。不仅如此，他们还更进一步，向仙人球和猪笼草学习。

仙人球的刺可不只是武器这么简单。比起吓唬动物，它的锥形结构还有一项更有用的功能——把凝集于刺尖上的露水导流下来，滋润仙人球的体表和根系！猪笼草的本领也很大，很多人都听说过它是一种食肉植物，但你可能不知道，它的瓶口边缘有一层纳米盖层，比溜冰场还滑。小虫子踩上去，就像一脚踩上香蕉皮，哧溜一声就滑进了瓶底，掉到猪笼草的消化液里，爬都爬不上来。水珠到了这种表面更是停不住，很容易滑走。

　　科学家们把沙漠拟步甲、仙人球和猪笼草的绝技都学到了手，造出了一种特殊材料——表面光滑得像猪笼草，而且布满了沙漠拟步甲那样的瘤突，瘤突还跟仙人球的刺一样具备不对称的斜面。这种材料能够快速、高效地采集空气中的水分，不仅可以成为干旱地区人们的福音，还能增强空调的除湿能力。

小贴士

　　亲爱的小朋友们，仿生学是不是有趣又有用？我们生活中还有很多仿生学的机器和设施，你知道的都有哪些？

　　很多其他动植物都还有科学家们没来得及模仿的绝技，真期待未来大家能把它们找出来。

水母：这个杀手真飘逸

海洋中从不缺乏杀手，比如大白鲨，比如剑鱼，它们简直所向披靡。然而，如果论潇洒飘逸，还是水母属第一。

它们千姿百态，大小不一，小的比你的拇指指甲还小，大的足有 70 多米长（加上触手），几乎每种都像果冻一样晶莹剔透，因此有"果冻鱼"的美称。当然，水母不是果冻，也不是鱼，在它们体内，没有心脏、血液、大脑，也没有鳃、骨骼和眼睛。但是，这完全不影响水母的生活。

你可能不相信，看上去柔美的水母大都是肉食动物，"猎杀"是它们人生的一大主题！

动物界的特种工

随机杀害

　　绝大多数水母都是吃肉的。小小的鱼类、各种海洋动物的卵以及一些无脊椎动物等，都是它们酷爱的美食。对此，它们唯一遗憾的是，不能主动出击！

　　原因很简单：水母的"动力装置"配置有点儿差。它们并不擅长游泳，主要通过喷水的方法，推动自己在海洋里上下活动——在它们伞一样的身体下，有一些薄薄的肌肉组织，可以扩张。当水灌满时，再迅速收缩，进而把体内的水快速"喷"出去，以此来推动自己向相反的方向前进。如果水母想换个方向，那只好听风浪和水流的了，可以说是"听天由命"了。因此，对水母而言，流落到何方（即使是最不想去的岸边）它们不知道，下一顿吃什么也不知道。它们唯一能做的，就是随时"打开"触手和口腕上的感受器，感受周围是否有"食物"游过，随后展开捕食——放心吧，水母的成功率并不算低，大多数水母几乎是透明的，很容易隐身。

请君入瓮

当然，并不是所有水母都这么身不由己。全世界差不多有 250 多种水母，它们分布在全球各地的水域里，包括南极。这个大家族绝对是"能人辈出"。

比如，有的水母会发光。像维多利亚多管发光水母，全身透明，跟棒球差不多大小。为了吸引好奇的猎物"送货上门"，它的体内还会呈现像自行车辐条一样的光圈。

而有的水母还会"豢养"帮手，这类水母大多体型巨大。比如，某些行动敏捷的端足类动物（这是一种没有甲壳，两侧扁平的目级甲壳类动物）总喜欢住在斑点水母像钟一样的"罩子"里，进出自如，躲进去还能获得保护（可惜，它们偶有不慎也可能死于水母之手）。为了感谢"房东"，有时候它们也会以身做饵，引诱鱼儿们进入水母的"伏击范围"。等水母吃饱喝足之后，自己也可以分点残羹冷炙。

小贴士
端足类动物

端足类动物很多没有自己的名字，只是一个统称。

非常毒刺

　　不论通过什么办法，只要猎物进入了水母的"伏击圈"，就必然凶多吉少。因为所有的水母都有毒刺——"刺丝胞动物"可不是白叫的！

　　不同种类的水母的触手也不一样，有的只有几厘米长，有的长达几十米；有些水母只有4条触手，有的多达几百条。不过，水母所有的触手上都覆盖着成千上万个刺细胞，每个刺细胞都有一个球型或锤型的小囊，称为"刺丝囊"，里面装有毒液（有些水母的毒性十分强烈，比如被僧帽水母蜇伤的人或生物，死亡率就很高），一旦受到刺激，刺丝囊就会像闪电一样射出钩状刺丝，在几毫秒内迅速蜇伤、捕捉或征服猎物，然后将猎物送到口腕中——虽然猎物可能小了点，但是积累多了也能填饱肚子。

　　水母虽然拥有强大的刺细胞，可惜并不能阻止所有海洋动物的袭击！像人们曾见过眼睛被蜇肿的海龟照样大口大口地吞吃着水母，还有某些海蛞蝓不仅吃水母，还能将水母的刺细胞为自己所用——它们把水母的刺细胞变成了自己的一部分，谁吃它们谁遭殃！

动物界的特种工

14

水獭：萌萌的杂耍高手

　　如果你喜欢看杂技表演，那么一定经常能看到杂技演员向空中抛三个甚至更多球，用两只手就能轮流接住和抛起，一个都掉不下来。你有没有偷偷试过？这可挺有难度的。

　　不过，有一种动物相当擅长玩"抛接球游戏"，甚至玩得比大多数人类都好——它们就是水獭！不相信？请往下看。

小贴士
吃饭也卖萌

　　大家如果常常看《动物世界》之类的纪录片，大概都会记得海獭仰躺在海面上，肚皮上放块石头，然后双手捧着一个贝壳砸向石头，一下，两下，壳碎了，里面的肉也能吃到啦，好开心！

动物界的特种工

先分清水獭和海獭

等等，你说你分不清水獭和海獭？

让我来告诉你吧：水獭，泛指鼬科水獭亚科的动物；而海獭则是其中的一个属——海獭属。"海獭属"中，也就海獭一种动物。水獭亚科一共有 13 种，除了海獭，其他 12 种一般都被人们统称水獭。

可能有的小朋友会说，科啊属啊种啊的，头都晕啦，说点能看得见的区别吧！首先，水獭身子细长，跟黄鼠狼比较像，脸也比较小、比较扁；而海獭呢，脸比较圆，很多人觉得更可爱一些，身子也是圆滚滚的。其次，水獭会有比较多的时间在陆地上待着，而海獭几乎都在海里度过。

小贴士
生物的分类

生物分类主要有 7 个级别，从大到小依次是"界、门、纲、目、科、属、种"，每个级别之上或者之下还会有更细的分类单元，比如科下面分为亚科，但是亚科比属的级别高。

会使用工具的小可爱

当然，它们不是以卖萌为生，无论是水獭还是海獭，都是很聪明的捕食者，是少数会使用工具的动物之一。最开始，人们认为人和动物的区别在于人类会使用工具，但是著名的珍·古道尔发现了黑猩猩也会使用工具之后，颠覆了人们对动物的认识。

不仅是海獭，水獭也会使用石子，而且有的水獭会一直使用同一块石子，用完就放在腋下的"袋袋"里（水獭腋下有块松弛的皮肤可以像口袋一样放东西，食物啊，石子啊……）。

水獭们有高超的玩石子技艺：它仰躺在地上，两只前爪把石子高高地抛起，又稳稳地接住；再来一招"粘在身上怎么都不会掉"，石子从左前爪滚到右前爪，再到下巴，就是掉不下来！这些都是雕虫小技，它还可以一次玩3颗石子，一点不输杂技团的专业杂技演员！

为什么要玩石子?

太多人被水獭这种有趣的行为深深地吸引着。它究竟为什么要玩石子呢?

科学家们对此也很是疑惑,目前并没有很详尽的研究和明确的说法,但大概有这么几个理论:

一、纯粹为了玩。

水獭内心独白:谁还不是个宝宝,除了吃、睡、繁殖,我们还不能玩了啊,就随便玩一下,看把你们人类惊讶得,真没见过世面。

二、饿了。

科学家的依据是:这种玩石子的行为会在吃饱后减少。水獭是通过灵敏的触觉来捕食的,尤其是亚洲小爪水獭,它们是用前爪来寻找食物的;另外,和海獭一样,水獭也用石子来敲开贝壳、螃蟹等,所以玩石子大概和饿了、想吃东西有关。这是不是就像我们人类饿了,就用筷子敲碗一样呢?

看到这位可爱的杂耍高手,小朋友们有没有想回家练练扔石子?

动物界的特种工

螳螂虾：战斗民族，天生将种

这种生活在水中的甲壳类动物，可是天生的拳击手！
只要它愿意……小心你家的玻璃鱼缸！

个顶个都是打架的好手

虽然我们常常吃它，可是如果我们走近它，了解它，就会发现皮皮虾，哦，它也叫作螳螂虾，是一位真正的战争贩子——它的一生是战斗的一生，它的家族是热衷于战争的家族，在它短短四五年的生命中，从来都以发动战争为乐事！

在咱们这个地球上，大约生活着 400 余种皮皮虾。它们小的体长还不到 3 厘米，大的接近 20 厘米，居住在世界各地的温带和热带海洋中。它们虽然样子不同，但各有各的神通，个顶个都是打架的好手。

成为战斗达人的超级武装

　　我们这次主要看看虾蛄科的皮皮虾的全副武装——它主要生活在珊瑚礁潮间带，是当地最有名的一霸。

　　首先，它攻击力强、进攻神速——这类皮皮虾的螯足关节处膨大，螯足的末端好像镰刀一样，尖锐，而且有倒钩，酷似"镰刀手"。平时不用时，"镰刀手"弯起来，缩在胸前，好像拳击手将双拳护在胸前一样；

一旦遇到猎物或敌人，这对"镰刀手"便会出其不意地如闪电一般迅速弹出！如果对方是贝壳，那就砸碎它的壳，吃掉里面的肉；如果是横着走的螃蟹或带刺的海胆，那就打得它头破血流，满地找牙！据说，皮皮虾钳螯的进攻速度可达 10 米每秒，是自然界进攻最快的动物之一。

其次，它能走善跑，而且行动自如——除了捕食爪之外，皮皮虾还有用来爬行的步足、快速游动用的泳足。与之配套的是，它们还拥有缩短的身体以及细长、灵活的尾巴，这使得它们即使在十分狭小的空间里（比如洞穴）也能自由行动。

最后，皮皮虾还拥有超强视力，它们有着非常强悍的复眼，眼睛下有短而灵活的眼柄，眼睛中有 16 种不同类型的光感组织，其中 12 种是分辨色彩的（人眼中只有区区 3 种），这使得它们能够辨别多达 10 万种颜色，而人类只能辨别约 1 万种甚至更少（有的人类还是部分色盲）。

它们的眼睛里还有各种颜色过滤器以及偏振受体，因此它们能看到偏振光（人类是无法感知偏振光的，对于我们来说，光就是光）和 4 种紫外线颜色。此外，它们还能同时看不同方向……可想而知，它们眼里的世界到底有多丰富、多清楚了！

这些超级装备足以使它们在海中看得清、跑得动、游得快、打得凶。难道正是因为这样，它们才爱上了战争？

生命不息，战斗不止

只要它们成功由幼虫变成螳螂虾（幼虫期是它们一生中最脆弱的时候，总会遭到各种捕杀），就将笑傲珊瑚礁海域的潮间带！

它们捕食海洋里的各种小鱼、小虾、双壳贝、螺类、螃蟹等，而且是残暴的捕杀，好像总有无尽的怒火要发泄。即使猎物已死，它们有时还会继续发动攻击，直到把猎物打得肚破肠流，死无全尸，才把它吃掉。

此外，除了海洋里的动物，皮皮虾还勇于挑战一切可能或不可能挑战的。比如，有人曾经试图用各种玻璃杯"囚禁"它们，结果被它们一一砸碎；还有一些潜水员以及潜水爱好者以为自己戴上了厚厚的皮质护套就能对付皮皮虾，结果根本没用，皮皮虾照样在他们的手指（或脚趾）上留下记号，而皮皮虾也因此获得 "咬脚趾的家伙" "手指杀手"等绰号；还有人试图将几只皮皮虾养在特制的水族箱内，结果它们杀完了猎物，就杀自己的同类，直到最后只剩下一只皮皮虾……

总而言之，对于皮皮虾来说，真是没有什么比打仗更能让它兴奋的了。

动物界的特种工

'16

条纹臭鼬：热爱开展化学战

俗话说"人不可貌相"，没错，如果你看到条纹臭鼬——穿着黑白相间的"夹克"，体形像猫咪，看起来温和斯文，你绝对难以相信，它们是一群疯狂的化学武器专家。

在它们家族中，无论男女，都擅长发动"化学战"。

家族的正确选择

生活在北美洲墨西哥以北广大地区的条纹臭鼬，属于食肉目臭鼬科成员。在它们的食谱上不仅有肉，还有野果、谷物、鸟卵等。

可惜，精于养生的条纹臭鼬武力值并不高。它们体型娇小，既无锋利的爪子，又没有可怕的獠牙，更不善于奔跑。那么，它们怎么才能活下去，并且能活得快快乐乐呢？

条纹臭鼬们选择了使用化学武器。

事实证明，这个选择非常正确。条纹臭鼬可以算得上是自己领地里的"老大"，它们白天躲在自己挖掘的洞穴或排水沟等人造洞穴里，夜间自由活动。即使凶猛如美洲豹、狡猾如美洲野猫，见到它们也要先掂量掂量：饥饿和恶臭哪个更可怕？！

动物界的特种工

最可怕的化学武器

　　刚刚出生的条纹臭鼬像小耗子一样，连眼睛都睁不开。虽然它们身上已经有了家族的条纹标志，但还没有拥有化学武器，因此特别需要妈妈的照顾（爸爸是不参与的）。臭鼬妈妈会带着孩子们度过整整一个冬天，等到来年春天，臭鼬宝宝开始试着离开家，去探索外面的世界——它们视力不佳，但嗅觉相当好，可以在地面上寻

找气味，仔细搜寻，用长前爪挖掘食物来填饱肚子。如果有敌人出现，放心吧，哈哈，它们的化学武器已经形成了！

这个了不起的"化学武器制造厂"就位于条纹臭鼬尾部的肛门附近，也就是直肠内的腺体里。成品是一种油性液体，最核心的成分是浓度极高的硫化物。那气味，犹如臭鸡蛋、大蒜和焚烧橡胶气味的组合，即使臭鸡蛋、臭豆腐再臭上一百倍也比不上它，真是怎一个"臭"字了得！

更可怕的是，这种臭味，粘到身上一个月都不会散去，因此在条纹臭鼬经常出没的地方，也总弥漫着一股臭味。

小贴士
更更可怕的是……

如果这种"化学武器"不小心溅到眼睛、鼻子或嘴里，更是会剧痛无比，还会暂时失明……被臭晕也是有可能的哦！

先礼后兵有原则

虽然化学武器威力强大，但"制造不易"，所以臭鼬绝不会滥用。

作为补充，它还有一些其他能力。比如，它会随身携带"警告"——身上与生俱来的、黑白分明的条纹就是最有力的提醒：我是臭鼬，请勿靠近！科学家们发现，颜色越大胆鲜艳，条纹对比越强烈的臭鼬，对捕食者瞄准和发射化学武器的能力就越强。

此外，臭鼬只有在受到刺激（比如可能被攻击）时才会发射化学武器，而且会提前发出警告哦——它会低下头来，竖起尾巴，快速跺着前爪，发出可怕的咆哮声或嘶嘶声。

如果对方无视它的警告，条纹臭鼬这才把屁股对准对方，"呲——"不但速度快（在几秒钟内能喷射好几次），而且几乎"弹无虚发"（在 3.5 米距离内，臭鼬一般能做到百发百中）。这是因为它的臭腺已经进化出像肿起的乳头一样的结构，而且每个单元可以独立旋转，可以完美地锁定目标。而且，臭鼬还能够自由选择喷射方式——如果不知道对方距离自己是远还是近，就喷出雾状的；如果对方在视野范围内，就直接喷射到对方脸上。

至于结果，嘿嘿，不说你也会明白。

雪雁：无与伦比的搬家狂

"不是在搬家，就是在准备搬家。"毫无疑问，这句话说的就是雪雁。

雪雁是一种有趣的鸟儿，样貌美丽，体型较大，以酷爱迁徙闻名于鸟界。它们每年会迁徙两次，距离至少6000千米——每年秋天，成千上万只雪雁总会排成波浪形的队伍，从北美极地飞到温暖的墨西哥湾去过冬，等到来年春天，再返回。

SPECIALISTS IN ANIMAL KINGDOM

迁徙前，先做准备工作

北美极地是地球上最冷的地方之一，那儿终年气温在 0℃以下，唯有 5 月之后的夏季，才会稍微暖和一点儿。

在这个季节赶回来的雪雁们，无论是新婚夫妇还是老夫老妻，都会抓紧机会生小宝宝。时隔一年，迁徙的队伍急需补充新生力量。而一旦当年出生的小家伙慢慢长出羽毛，它们最常做的事儿之一就是梳理羽毛，因为飞行最离不开的就是羽毛。

当小宝宝成长到能外出时，就开始了频繁的觅食生活。北极的夏季极其短暂，小雪雁们必须抓紧时间快吃猛吃，以便有足够的体力跟随父母返回南方。而那些不打算成家的雪雁们呢，也会择地换羽，确保羽毛能保持最好的状态，以便迎接随之而来的大迁徙。

迁徙，必须联合起来

等到了8月末，北美极地已经开始渐渐变冷了。这儿不能继续待了，它们必须离开，前往越冬区——墨西哥湾。

那里温暖如春，有甜美的水，有可口的谷物、嫩芽，是雪雁们最向往的地方。唯一遗憾的是，墨西哥湾离北美极地有点远，距离大约有3000千米。雪雁们也许不会迷路，但中途可能会遇到各种危险，尤其是在它们休息的时候，当地的肉食动物会开心地举行"雪雁主题宴会"——对肉食动物而言，性

格温和、不善攻击的雪雁简直是上天赐予的美味佳肴。

　　为了保证种族安全，雪雁们选择了联合大行动：雪雁父母、不满一岁的子女们以及没有结婚的雪雁们（雪雁常常四五岁时才结婚，而它们的寿命约为 25 岁），成百上千只聚集到了一起，最多的时候，可以达到上百万只。当它们飞行或休息的时候，远远看去，犹如漫天雪花，阵势极其惊人。

小贴士
你可能不知道

　　为了把换羽对飞翔能力的不利影响降到最低，鸟类的换羽大多是逐渐更替的。但雪雁的飞羽则是一次性全部脱落——在换羽期，它完全丧失了飞翔能力！所以，这段时间里雪雁必须隐蔽在湖泊、草丛之中，小心提防着敌人的捕食。

迁徙的"航线"永不变

开始了，起飞了！

雪雁们自发地排列成了波浪状队形，有时还会组成不规则的Ｖ字形，在接近1000米的高空"驾驭"着气流，或上升或下降。当然，在这个队伍中永远有只能力卓越的头鸟，负责领航——在飞行中，它的位置总在不断地变化。

这并不意味着雪雁们的迁徙路线也在变化。科学家曾经发现，一个雪雁群的迁徙

路线（包括它们中途休息的地方）一经确定
就不会更改。因此，人类研究雪雁的观察点
总是固定的，比如美国明尼苏达州的桑德湖
就是雪雁的一个重要中转站。现在每年秋季，
大约有 25 万只雪雁会来到这里落脚、休息，
补充营养和体力。但人们还发现，有些雪雁
十分强悍，它们竟然可以一口气飞完全程，
中途根本不歇一次脚！果然，身为搬家狂，
没有好体力可真没法胜任啊！

18

葬甲：动物们的殡葬师

下面要介绍的，是一份和尸体相关的工作。

听起来，是不是有点怕？呃；别怕。

葬甲将用亲身经历告诉你，这是一份貌似恐怖、实则极其重要的职业。葬甲之所以能繁衍到今天，多亏了这份工作；而且，如果没有葬甲的工作，这个地球一定会臭得不得了！

好吧，现在请别逃，请别走，请静下心来听一听殡葬师的生活，也许你会对它们刮目相看。

先介绍一下本文的主人公

葬甲，又叫锤甲虫、埋葬虫，属于昆虫中最大的一个目——鞘翅目，葬甲科；它们大约有100多种，分布在不同地区的陆地上（大概只有西印度群岛、非洲南部的大沙漠、澳洲和新西兰等地，完全没有葬甲的踪迹）。

葬甲的体长有大有小，平均约1.2厘米；外表颜色不一，有黑色，也有的五光十色，像明亮的橙色、黄色、红色都有；身体扁平而柔软。它们不仅喜欢吃尸体，还有埋葬动物尸体的习惯，因此江湖人称"殡葬师"。

干活要趁早

葬甲的目标是尸体。从这一点来看，它们简直比所有的肉食动物都仁慈善良。

然而，动物什么时候会死亡，又会死在什么地方，葬甲并不知道。幸运的是，葬甲拥有相当不错的装备——棍棒状的触角末端特别膨大，上面布满了"化学分子接收器"。动物死亡时会散发出一种特殊的味道，事实上，在将死之际这种味道就散发出来了。人类闻不到这种气味，但嗅觉灵敏的葬甲闻得到。它们一旦觉察到这种气味，就会十万火急、连飞带爬地赶过去。

葬甲知道，它们必须快一点，再快一点。因为它们的竞争对手实在不少，比如苍蝇，比如蚂蚁，当然，还有不可能缺席的强大对手——它们的同类。

有些种类的葬甲很少愿意和心上人以外的同类合作（如果对方只是纯帮忙的性质，就可以接受）。为此，它们相互厮打、相互攻击，而且通常是雌虫和雌虫争斗，雄虫和雄虫争斗。虽然打架经常造成断足失角的伤害，但雄虫和雌虫间不会互相帮助。这也算是一种残忍的仁慈——这样可以保证，在一群雌虫和一群雄虫中，只有体型最大、最强壮的那两只才能赢得最后的胜利，并结为夫妻。这样才能确保让最强大的葬甲留下后代！

一切为了孩子

葬甲之所以如此不顾性命地争抢食物，最主要的原因是：这是为孩子准备的。在葬甲看来，动物尸体是营养最丰富的美食，值得拥有。

在葬甲准夫妻成功获胜之后，如果尸体在硬地上，它们会齐心协力地把它搬到软地上，并精心加工。比如，先咬破尸体的肚子，拖出肠子，以免肠子的细菌加速尸体的腐烂；然后一边向下挖掘，一边将它做成球团，埋在地下墓穴之中；如果有毛，它们还会细心地挑出来。除此之外，它们还会在"肉球"表面涂上"防腐剂"，即它们口部和尾部的分泌物。其间，它们还会忙里偷闲简单举办一个婚礼……这样一来，等"肉球"做成，葬甲妈妈就可以在附近的土里产卵啦。聪明的葬甲妈妈，总是根据肉球的大小来决定产下多少粒卵。

产卵之后，葬甲父母也不会离开。过了

一段时间，小宝宝们孵化出来，自行凭着气味爬到"食物"上——此时，它们还不会吃哦，只能像鸟宝宝一样伸长口器，向爸爸妈妈要吃的。葬甲爸爸和葬甲妈妈呢，就吐出半消化的营养物，口对口地喂给孩子们吃。

孩子们长得很快。蜕皮，再吃；再次蜕皮，再继续吃……葬甲父母一直守护着、喂养着它们，同时清除肉球上的真菌。

终于有一天，孩子们离开了巢穴，钻进土里化蛹——等它们再次出来，就成了小葬甲。它们的父母可以放心离开了，当然，更可能的是已经活活累死了……

被迫的残忍

你一定会对葬甲父母赞不绝口，但其实，它们也有不得已的悲哀。

众所周知，竞争无所不在，哪怕在同种类的动物之间也是如此。你知道的，在生物界有个不成文的潜规则——"体型最大的，本领也最大"。比如，大黑葬甲体型更大，它们总喜欢夺取尼泊尔葬甲率先发现、处理过的"肉球"——它才不管尼泊尔葬甲有没有产卵，或者子孙有没有被孵化。即使小葬甲已经被孵化出来，它们也会将之杀死。此外，在同种葬甲中，也有抢夺的习惯。

因此，为了让自己的孩子在将来的竞争中具有更大的优势，葬甲父母更要确保孩子"不输在起跑线上"。为此，它们不得不"痛下杀心"，就在孩子刚刚孵化出来时，如果孵化得过多，或有的孩子很晚才爬向食物，或者中途食物减少得太快了，葬甲父母就会咬死一部分孩子，以确保另外一些孩子吃得够饱，长得够壮。

19

针鼹：只专注一种美食的美食家

　　大洋洲是地球上最神秘的地方之一——它曾经与其他地方隔绝了很久很久，直到 16 世纪，被欧洲人发现时，这儿的土著居民仍处于新石器时代，这儿的动物很多也一如远古，比如针鼹。

　　大约 1.8 亿年前，被称为"泛大陆"的超级大陆分裂，从北方动物中分离出了南方动物，而针鼹就是南方哺乳动物的后代。在至少 8 千万年里，它们几乎没有什么变化，包括口味。

吃蚁族是它们最明智的选择

相比那些肥嫩多汁的动物所遭遇的"生命危险"，蚁族——无论是蚂蚁还是白蚁——就安全多了，因为在很多动物看来，这些家伙又小又没肉，根本不值得一吃！

不过，针鼹却不这样认为。

"针鼹吃饭守则"

✓ 第一条：只要吃得多，早晚都能吃饱

✓ 第二条：填饱肚子远比口感更重要

✓ 第三条：选择蚁族意味着永远不用担心食物匮乏

因为蚂蚁和白蚁很可能是地球上进化最成功的昆虫，它们种类繁多，分布广泛，几乎征服了除南极洲以外的所有陆地，包括灌木林、丘陵、草原、高原以及半荒漠地区……总而言之，蚁族几乎能适应任何环境，而且直到如今还完全没有灭绝的可能。

因此，8千万年前针鼹的选择，就意味着它们必然能成功存活——它们永远不用担心没有食物，唯一需要想的，就是如何找到食物并吃下去。

吃蚁几十年，一点也不厌

　　如果没有遭遇意外，一只针鼹能活到50岁，长寿堪比大象。在这漫长的一生中，针鼹的食谱上绝大部分只有蚂蚁和白蚁。事实上，也许只有在婴幼儿时期，它才能尝到蚁族以外的美味——母乳。

那时候，它还很小。刚出生时，它只是一枚蛋。这枚蛋小小的，貌似葡萄，表面像皮革一样粗糙。针鼹妈妈把它放在"临时育儿袋"（只有在生产前，妈妈才会长出育儿袋哦）里，随身携带，再过一段时间，小针鼹会破壳而出，就可以喝奶啦。

刚出生的小针鼹身上没有针，躲在妈妈的"育儿袋"里也不会扎到妈妈。而妈妈的"育儿袋"里则已经长出了突出的毛孔（就是"乳孔"啦，针鼹妈妈是没有乳头的），渗出了美味的乳汁。随着小家伙逐渐长大，这些乳汁的成分也会发生相应的变化。由于针鼹妈妈哺乳期依然以蚁为主食，因此从小喝母乳的小针鼹必然受到妈妈饮食习惯的影响。等到大约 5 个月后，它就已经做好准备，接下来的一生，都将在找蚁、吃蚁中度过了。

动物界的特种工

进餐装备，值得拥有

作为一位真正的吃蚁高手，据估计，一天有上万只蚂蚁或白蚁葬身于针鼹的腹中。而针鼹之所以有这么好的成绩，多亏了它所拥有的得力装备以及充分的时间投入。

除了冬天，针鼹一天之中的大部分时间都用来觅食。它慢悠悠地走着，用自己超强的口鼻部，细心地发现、感受蚂蚁的生物电子信号。一旦有所察觉，它马上用粗壮的四肢，挖掘、摧毁蚁巢，迫使忙碌工作的蚂蚁们四散奔逃，它再从容不迫地伸出舌头。

这条舌头不仅灵活，有倒钩，可以伸出嘴外一尺多长，舌尖上还能分泌出黏稠的液体。因此，凡是舌头所到之处，无论蚂蚁还是白蚁都会被一一粘住，然后被吞下去。别担心它会吃撑到"胃"痛哦，针鼹天生就没有储存或消化食物的胃部，它用食道的末端及小肠的前端扩张来取代胃的容量和功能。事实证明，这样也不错。

20

真菌培植蚁：
比人类还历史悠久的农场主

以为只有人才会种植农作物、开办农场？那你就错了。

小小的蚂蚁也会种"庄稼"，并且在时间上绝对碾压人类——人类种植的历史不过 1 万年，而蚂蚁的种植历史却有 3000 万年之久！

动物界的特种工

种植，为了更好地生存下去

蚂蚁怎么种东西呢？总不至于像人一样举着锄头刨地，然后撒上种子吧……当然啦，虽然蚂蚁不会使用锄头，但一点不妨碍它成为高超的农场主。不过，蚂蚁种的不是稻子、小麦，而是真菌——人类喜欢种植伞菌科的真菌，也就是大家喜欢吃的各种蘑菇；巧合的是，蚂蚁们种的，也是伞菌科的真菌。

种植真菌的蚂蚁叫作真菌培植蚁，其中主要是切叶蚁。

小贴士

营养基

用来给真菌提供营养物质的植物。

切叶蚁从外面把真菌带回巢里，利用切碎的树叶、木屑、虫子尸体等作为肥沃的"土壤"，让真菌大量繁殖。切叶蚁用真菌喂养幼虫，同时也认真地照顾真菌，不但让它们远离病虫害，甚至会有专门负责运输废弃物的切叶蚁，把种植产生的废物搬出巢外，免得废物里的霉菌感染它们的"农作物"。

切叶蚁和真菌之间的关系，在生态学上叫作"互利共生"：切叶蚁给真菌提供营养和保护，而真菌给切叶蚁提供食物——互相帮助、互利互惠才能都更好地生存下去嘛。

就像不同的人喜欢吃不同的主食和菜，不同种类的切叶蚁，种植的真菌也是不同种类的。切叶蚁搬回新鲜的叶片用来培植真菌，它们能探测到真菌所产生的化学信号、能感受到真菌对不同植物营养基的不同反应。如果这种植物对它们所培植的真菌有毒的话，它们感受到真菌的不良反应，以后就不会再采集这种叶片了，是不是很聪明呢？

彼此依赖的切叶蚁和真菌

已知的 250 种真菌培植蚁被分为两大类：低等真菌培植蚁和高等真菌培植蚁。

低等真菌培植蚁所种的真菌对蚂蚁的依赖程度比较低，离开蚂蚁也能存活。而高等真菌培植蚁和它们所培植的真菌，离了对方都活不了。

低等真菌培植蚁起源于 5500 万 ~ 6500 万年前的南美洲，而高等真菌培植蚁起源于 3000 万年前，并且生活的环境是比较干燥的。

有意思的是，因为那个时候的气候变化导致南美洲变得很干燥，所以许多适应于雨林环境的真菌都消失了。但是得益于真菌培植蚁的照顾，还有一些真菌幸存下来——这些蚂蚁会收集水到它们的"真菌农场"，从而给它们种植的真菌提供一个适宜的、潮湿的环境。

是农场主，更是建筑师

因为拥有如此高超、直接媲美人类的种植技术，切叶蚁得以发展出庞大的种群数量，建造了壮观的巢穴。

高等真菌培植的地下城堡深达数米，包含数千个巢室，可容纳上百万只蚂蚁在里面穿梭。地下城堡对真菌培植蚁来说可不仅仅就是个休息睡觉的地方，它分为很多区域，有的作为培植真菌的农场，有的作为产卵育幼的婴儿房，还有专门的垃圾场，用来存放培植真菌后的杂质和死去同伴的尸体……与其说是地下城堡，不如称作"地下城市"，工作、生活、繁衍生息都不成问题。

在美洲的热带雨林里，搬运树叶的切叶蚁往往排成壮观的大队伍，将树叶碎片一片一片地运回它们的地下城市。被它们种植和驯化的真菌，不仅是食物，也是构成地下城的建筑材料。

怎么样？如此分工合作、勤勤恳恳的切叶蚁，如此庞大复杂的地下城市，是不是让你大为惊叹？大千世界，无奇不有，再小的生命也可能孕育着巨大的能量。勤恳工作的真菌培植蚁，堪称动物界光荣的劳动标兵！

"少年轻科普" 丛书

跨学科阅读

当成语遇到科学

当小古文遇到科学

当古诗词遇到科学

《西游记》里的博物学

科学新知

动物界的特种工

花花草草和大树，
我有问题想问你

生物饭店
奇奇怪怪的食客与意想不到的食谱

恐龙、蓝菌和
更古老的生命

我们身边的奇妙科学

星空和大地，
藏着那么多秘密

遇到危险怎么办
——我的安全笔记

病毒和人类
共生的世界

灭绝动物
不想和你说再见

细菌王国
看不见的神奇世界

好脏的科学
世界有点重口味

植物，了不起的
人类职业规划师

人文通识

博物馆里的汉字

博物馆里的成语

博物馆里的古诗词

"少年轻科普"小套装（8 册）

包含分册：

· 当成语遇到科学
· 动物界的特种工
· 花花草草和大树，我有问题想问你
· 生物饭店——奇奇怪怪的食客与意想不到的食谱
· 恐龙、蓝菌和更古老的生命
· 我们身边的奇妙科学
· 星空和大地，藏着那么多秘密
· 遇到危险怎么办——我的安全笔记